# 序　文

　頭蓋（とうがい）は、ヒトを除くすべての動物で体のいちばん前についている。生き物の体を支える物質の入り口と、外界からの感覚情報の受容器としての役割がコンパクトに1つにまとめられている。頭蓋は動物の生息する環境に合わせて形こそ多少変化するが基本的な役割としてはこの2つ、体を支える食が優先されると口が体の先端に位置し、そして感覚情報の収集が優先される霊長類では口の上に感覚情報の受容器を置いた形になっている。さまざまな動物たちは、この2つの機能が凝縮した頭蓋という器官をつかって生の営みを続けている。

　この本は鶴見大学歯学部の標本室に収められている百数十の標本の中から、動物の頭蓋の写真を収めた写真集である。その形を眺めて動物の生態についていろいろ考えるのは楽しいことである。また、ヒトについては、発生からの時間経過に沿って変化する頭蓋のようすをじっくり観察し、現代の歯科医学と頭蓋の形との関係を探るのも楽しい。そのような気持ちで本書の写真をめくってもらえれば、「頭蓋（とうがい）」からのヒントが得られるかもしれない。

　本書の出版に際して、鶴見大学歯学部の標本室とその標本作製に携わってくださったすべての方々に心から感謝申し上げます。

2010年3月21日

川　崎　堅　三

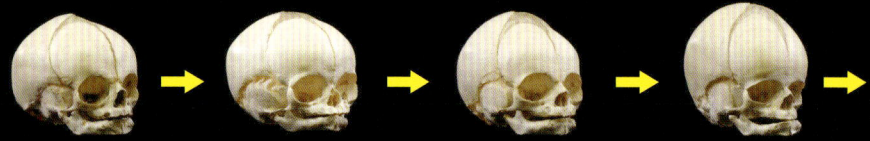

頭蓋骨で見るヒトの一生

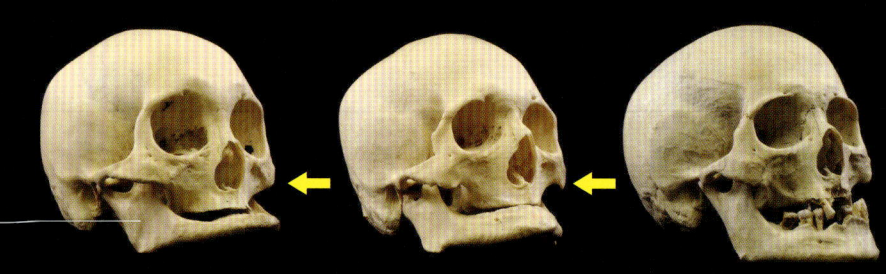

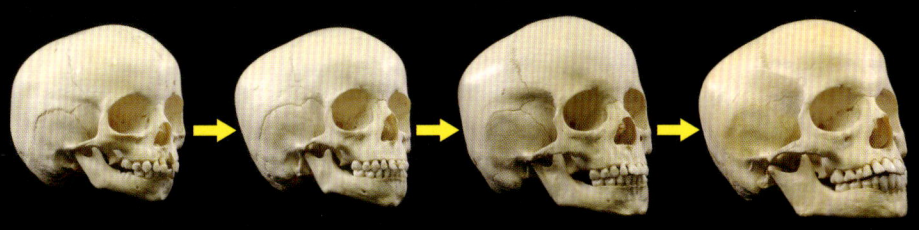

頭蓋骨は、顔面を作る顔面頭蓋と脳を収めている脳頭蓋に分けられる。新生児では顔面頭蓋と脳頭蓋の比率は、1：8ほどで脳頭蓋の占める割合が非常に高い。この比率は成長し、成人に近づくにつれて1：4程度となる。

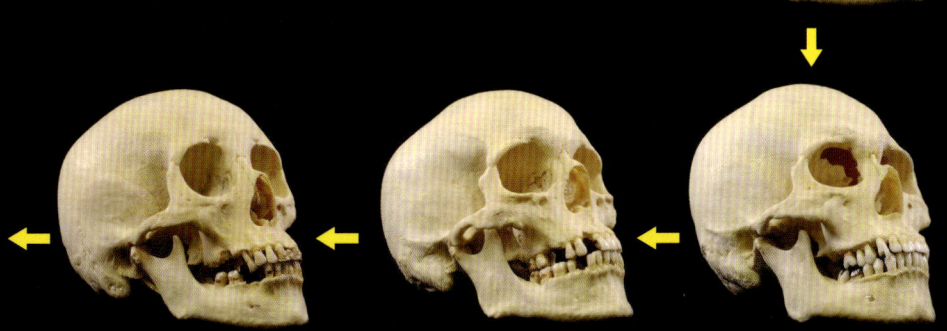

# 鶴見大学標本室の頭蓋骨

## ヒト

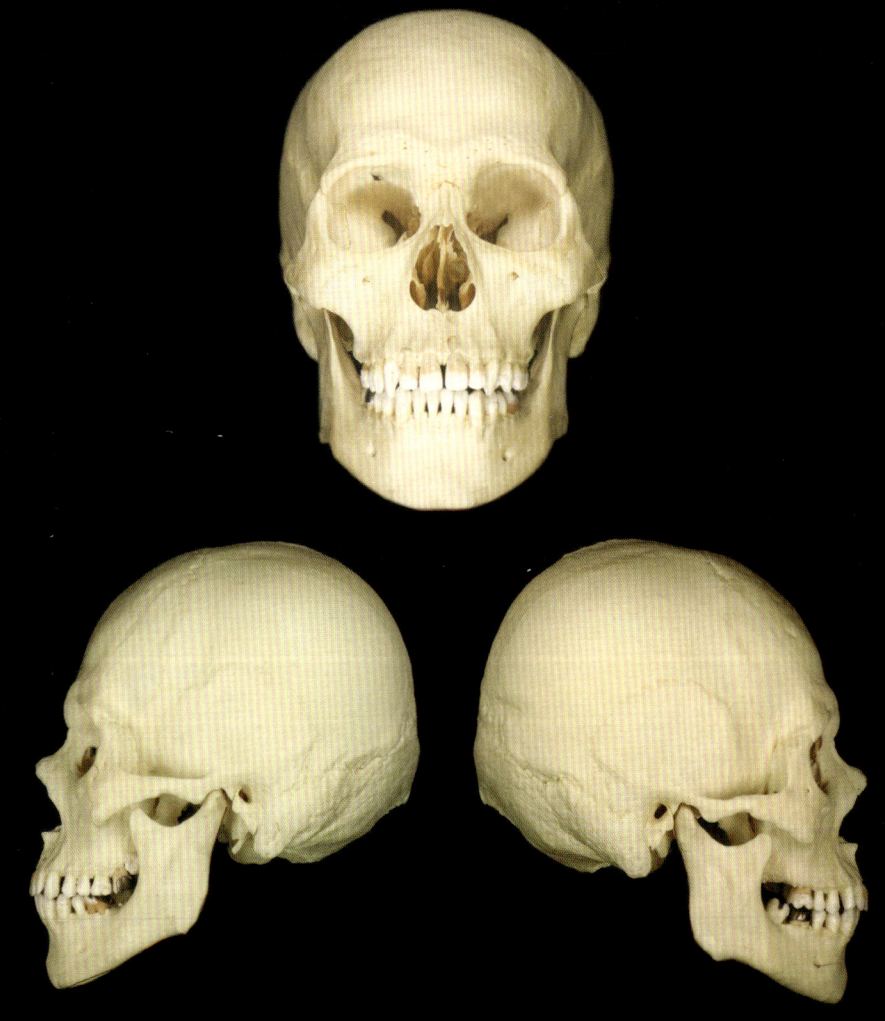

哺乳綱　霊長目　ヒト科　ヒト　*Homo sapiens*

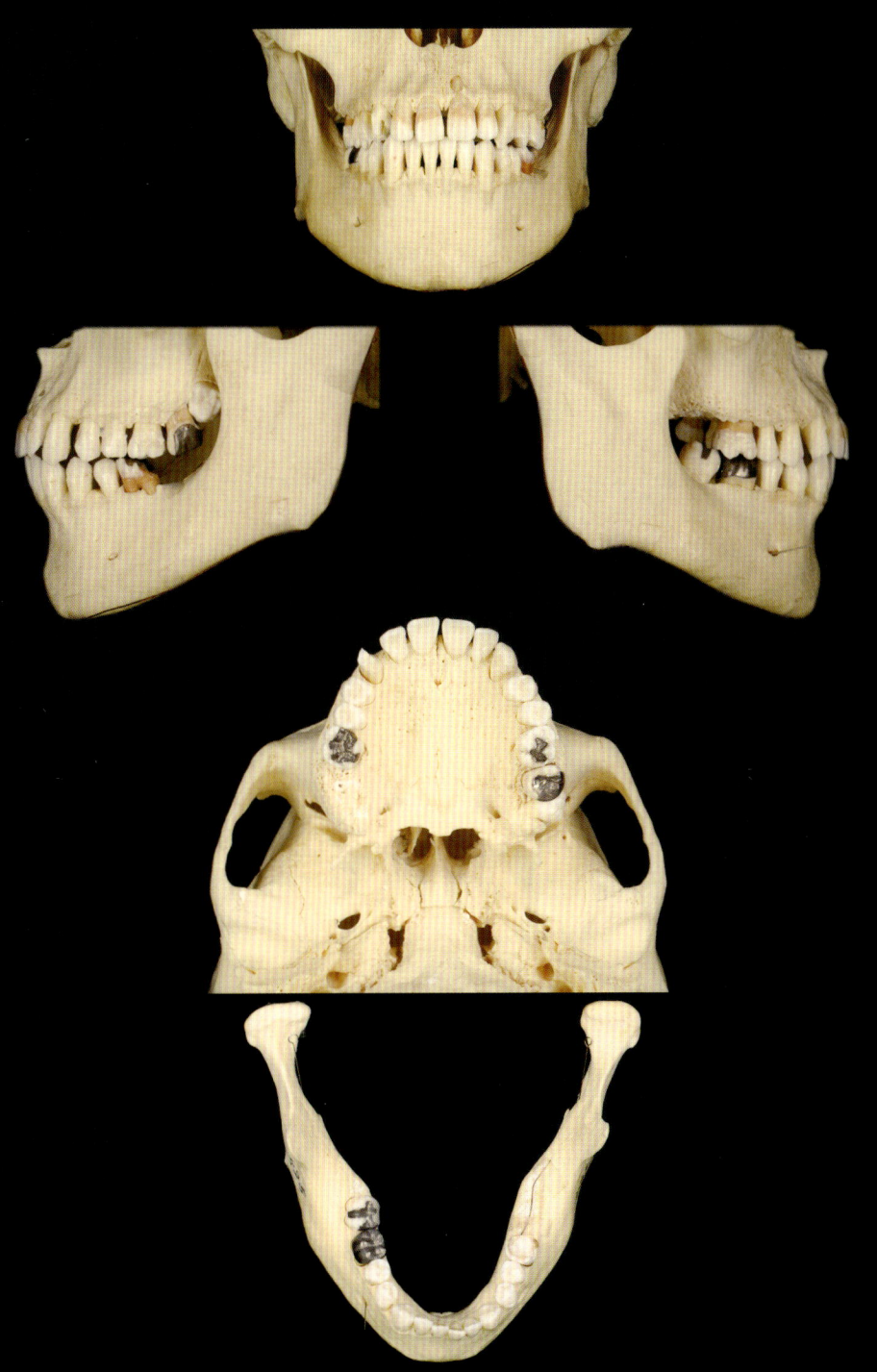

ヤセザル

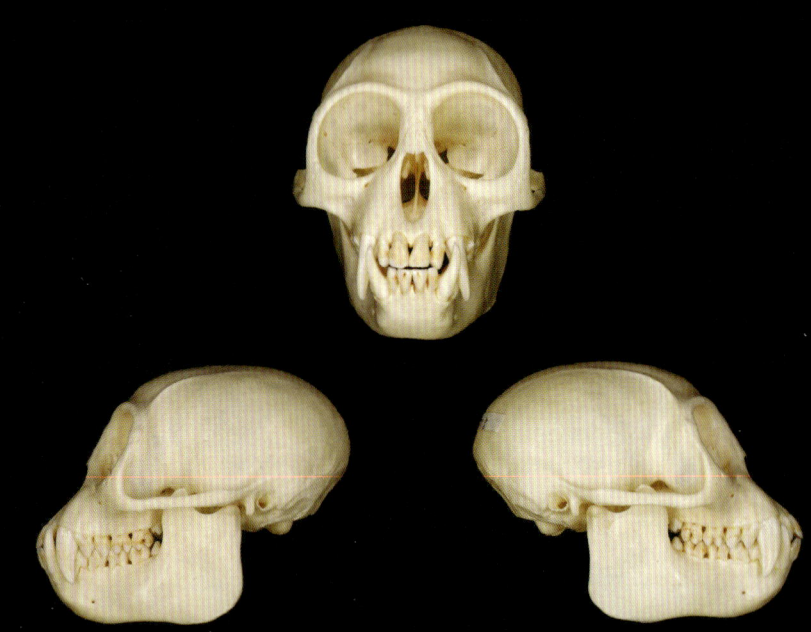

哺乳綱　霊長目　オナガザル科　ヤセザル　*Presbytis*

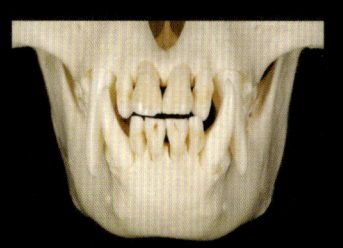
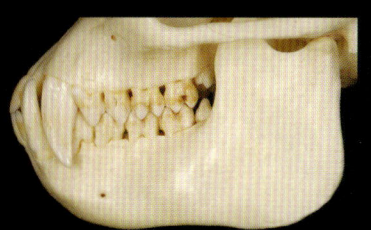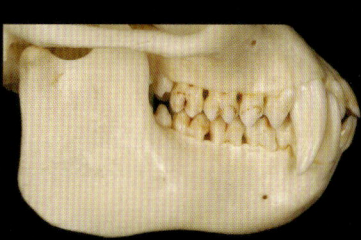
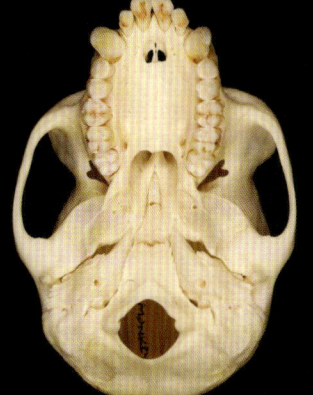
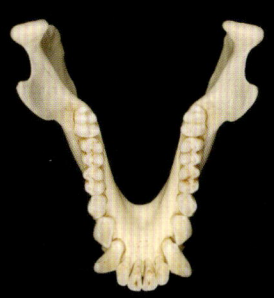

クマ

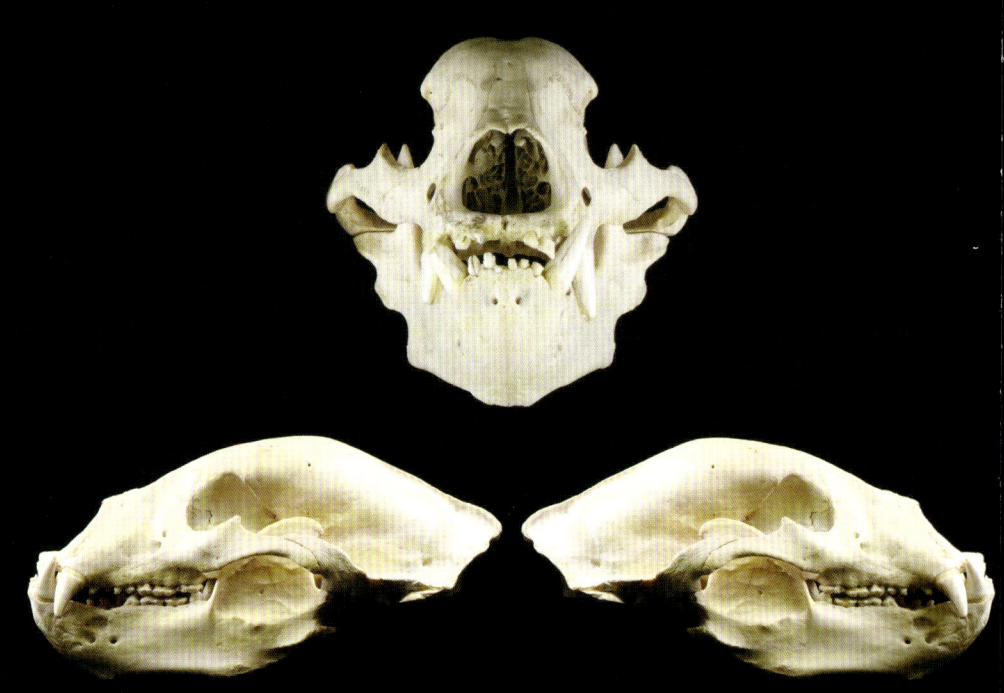

哺乳綱　食肉目　クマ科　クマ　*Ursus*

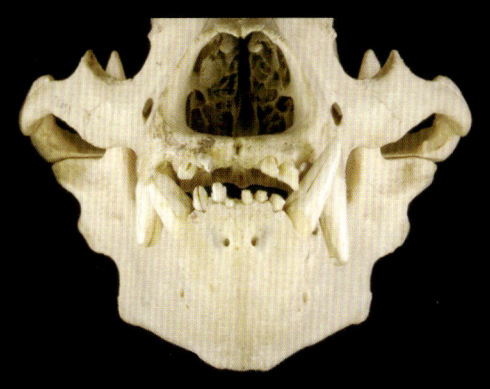
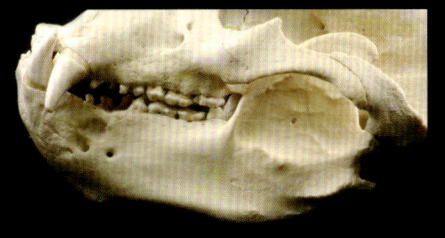
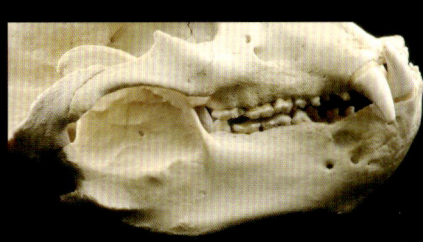
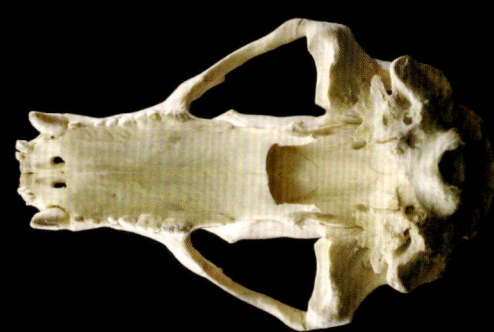
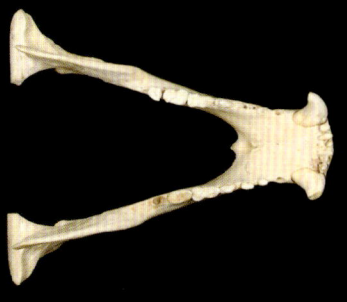

イヌ

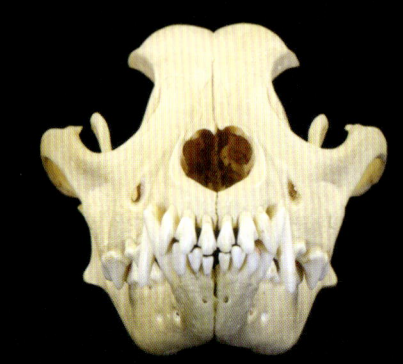

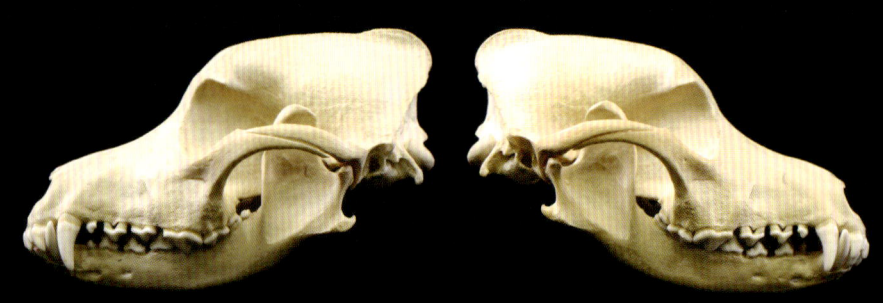

哺乳綱　食肉目　イヌ科　イヌ　*Canis familiaris*

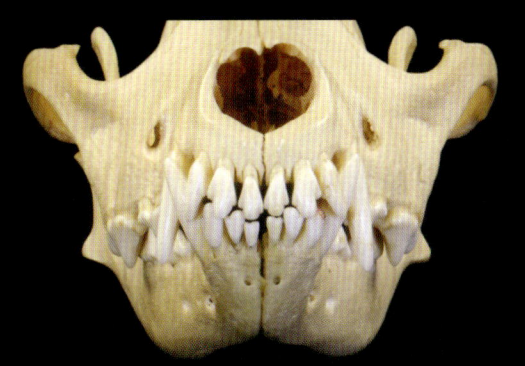
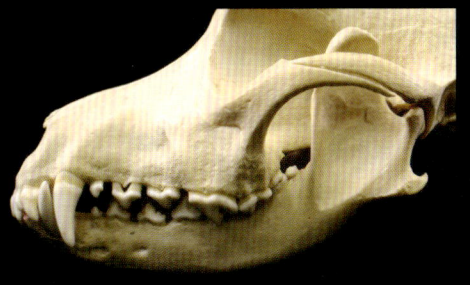
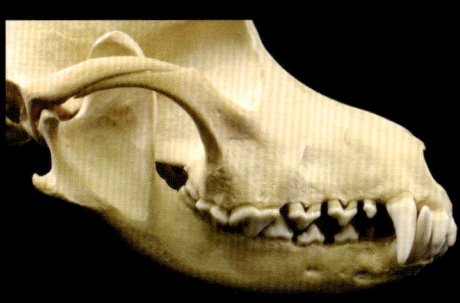

キツネ

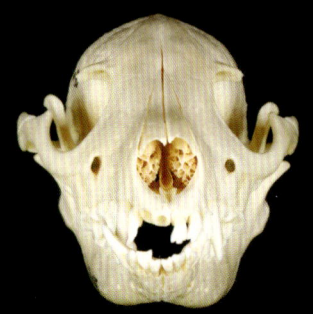

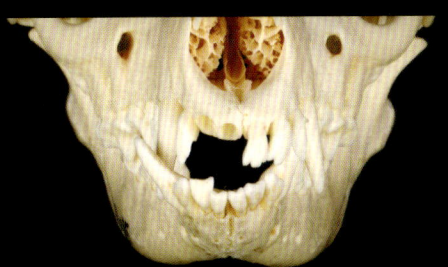
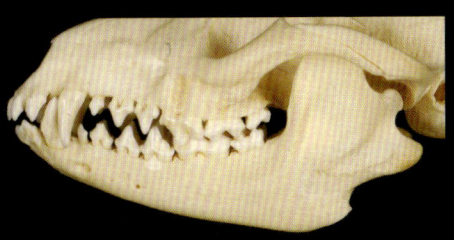
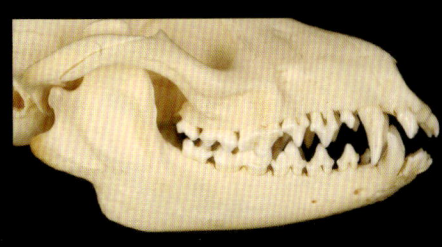
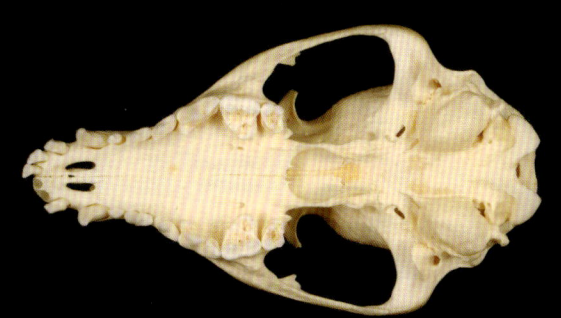

タヌキ

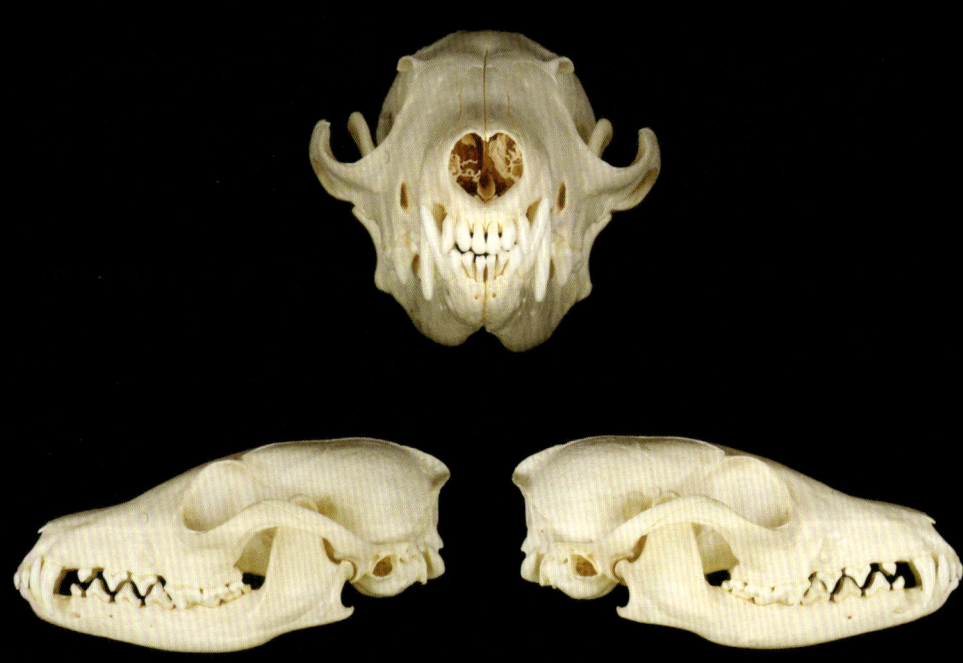

哺乳綱　食肉目　イヌ科　ホンドタヌキ　*Nyctereutes procyonoides viverrinus*

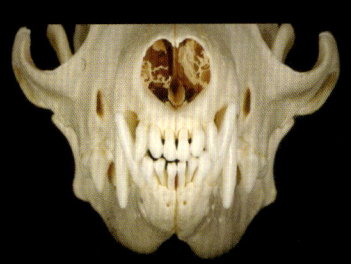
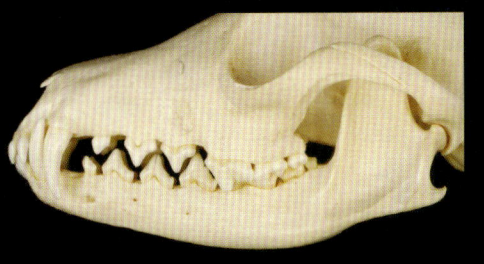
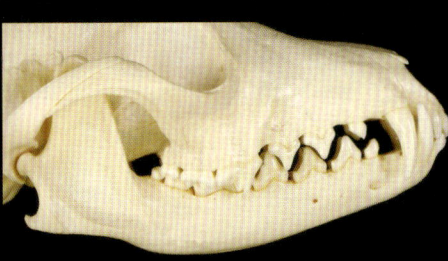
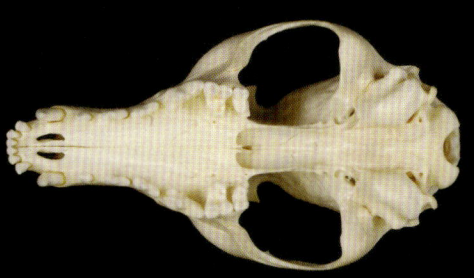

ネコ

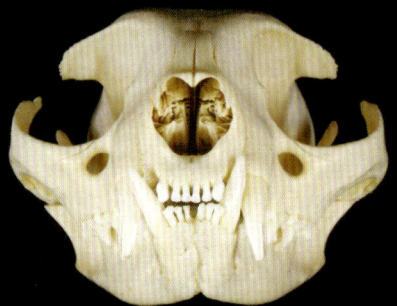

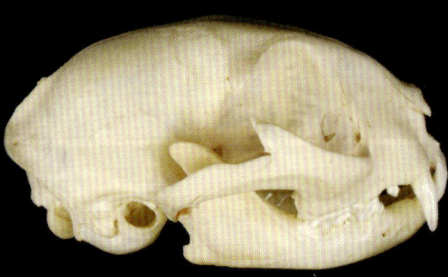

哺乳綱　食肉目　ネコ科　イエネコ　*Felis silvestris catus*

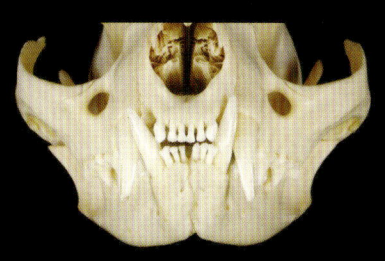
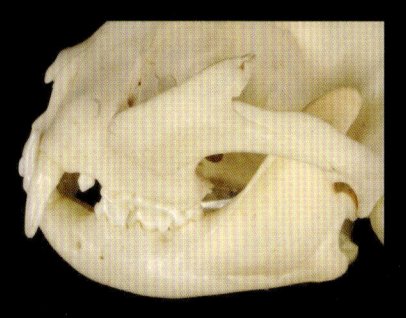
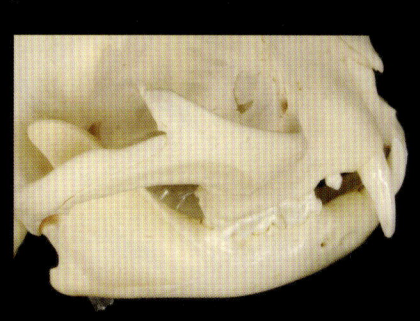
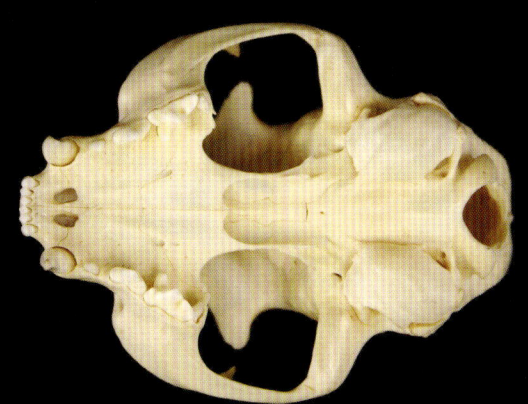
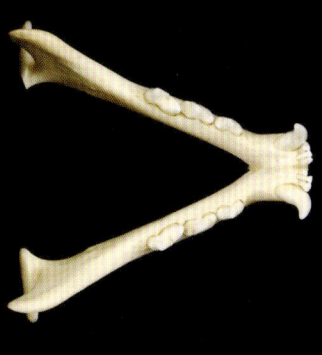

ブタ

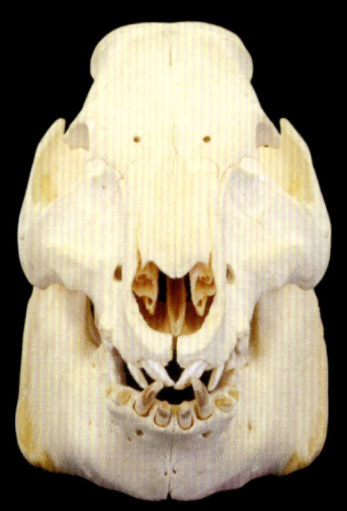
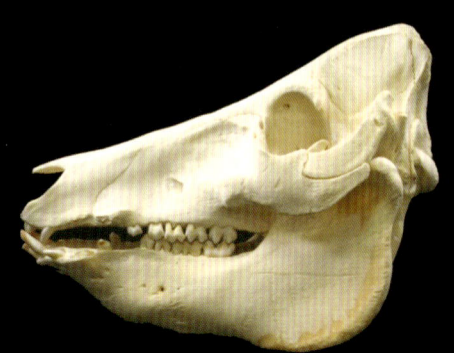
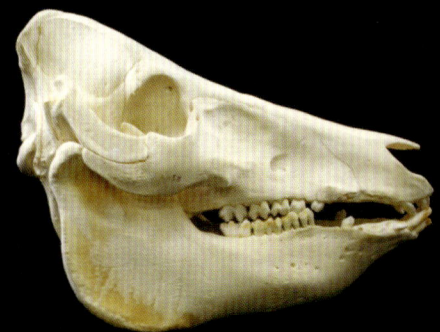

哺乳綱　偶蹄目　イノシシ科　ブタ　*Sus scrofa domesticus*

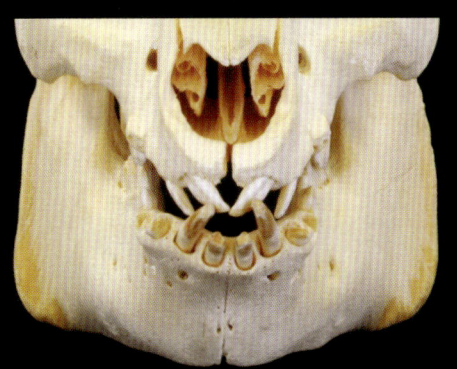
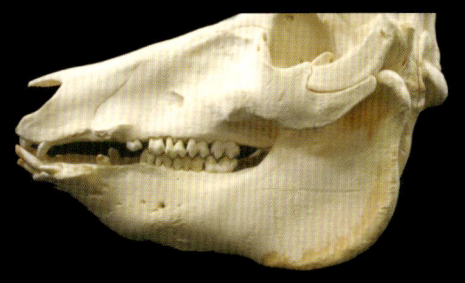
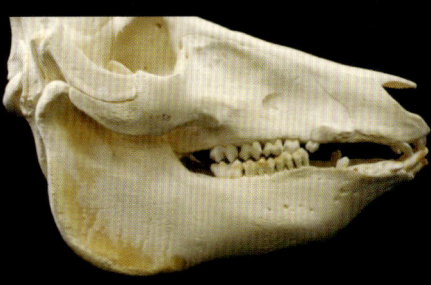

ワニ

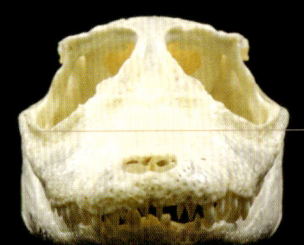

爬虫綱　ワニ目　アリゲーター科　メガネカイマン　*Caiman crocodilus*

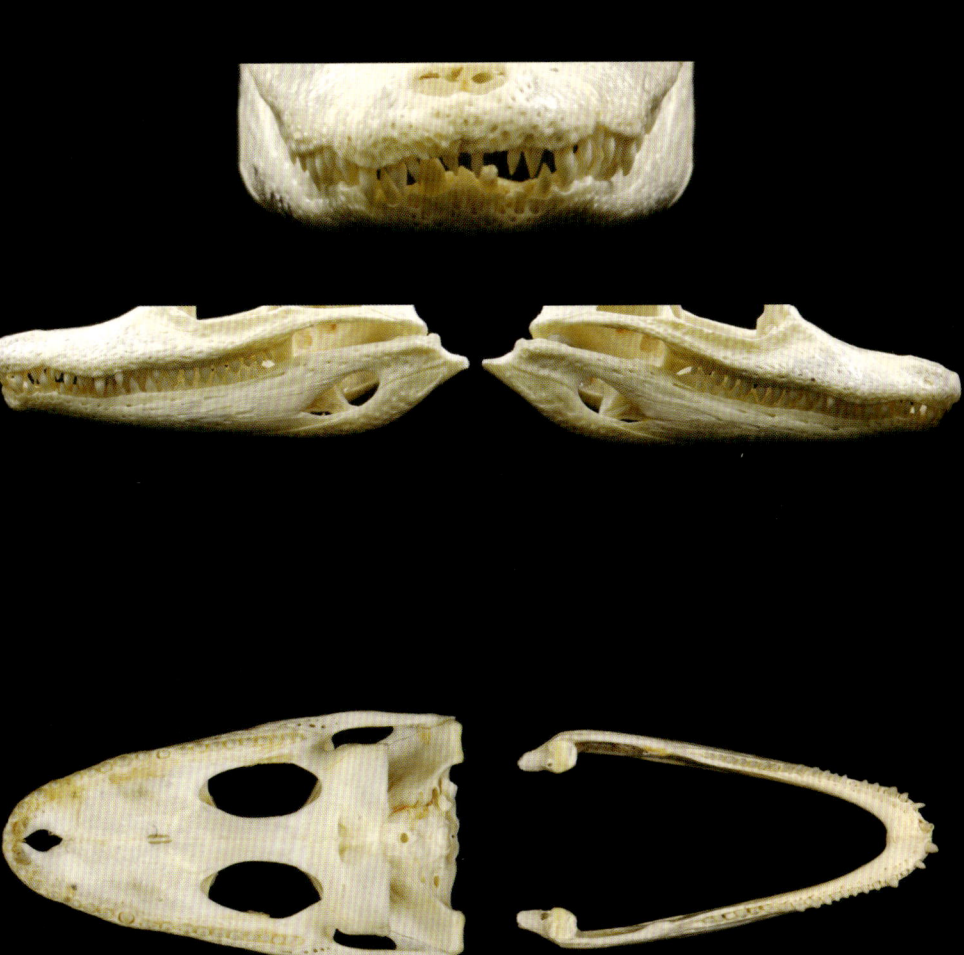

# 加齢変化

## 顔面頭蓋の加齢変化

新生児

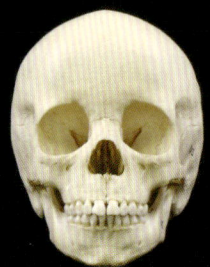
5歳

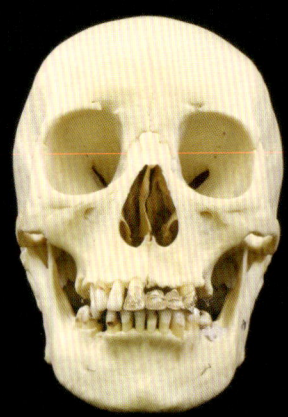
50歳

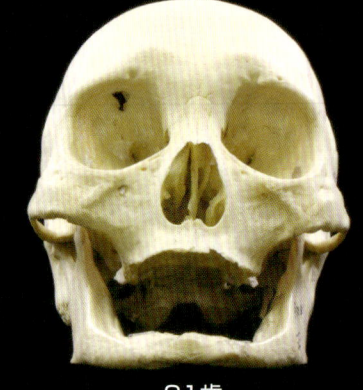
81歳

新生児期から幼児期、青年・壮年期、老年期の頭蓋骨の比較。加齢変化によって、頭蓋骨が大きく形を変えていることがわかる。

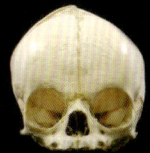

## 上顎骨周辺の加齢変化

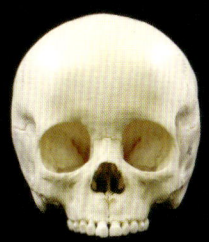

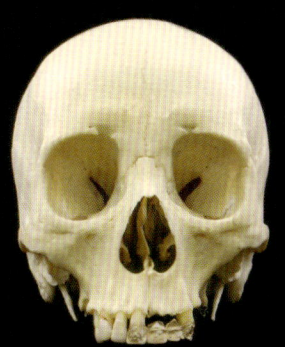

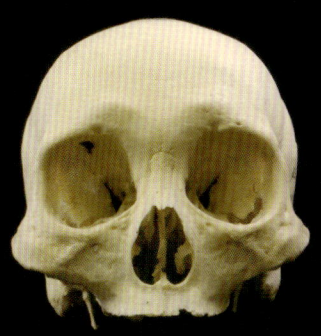

## 下顎骨の加齢変化

新生児

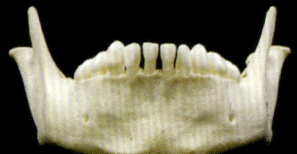
5歳

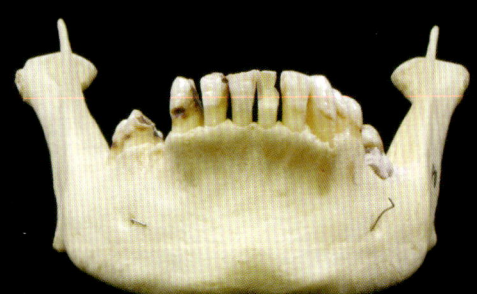
50歳

顔面頭蓋は、脳頭蓋とは逆に成長するに伴い、頭蓋に占める割合が増大する。これは上・下顎骨の成長が大きな要因である。

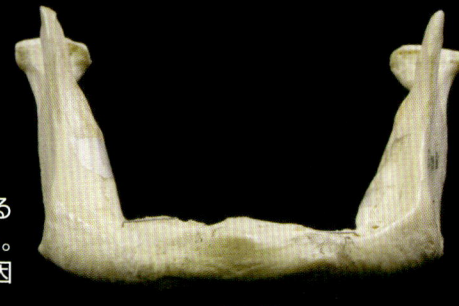
81歳

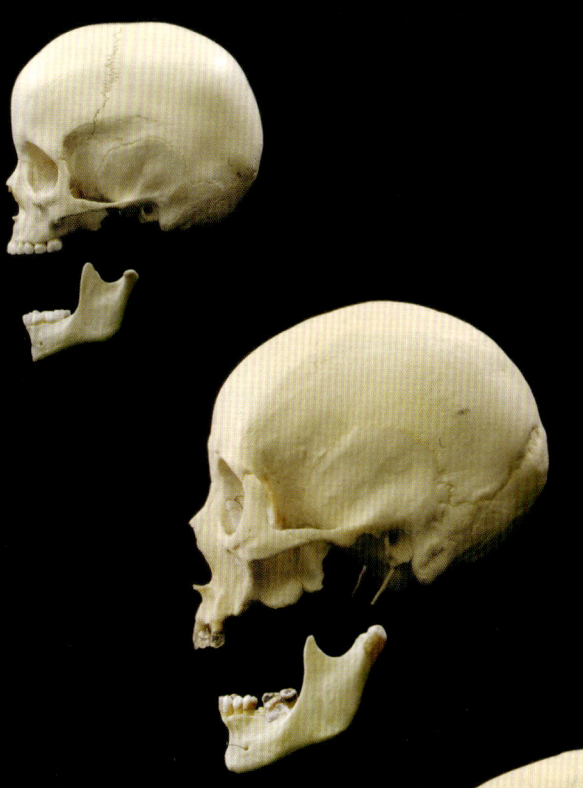

脳頭蓋の加齢変化

脳頭蓋は、頭蓋に占める割合は成長に従い減少する。これは、脳の発達が成長段階の早期にピークを迎えているからである。

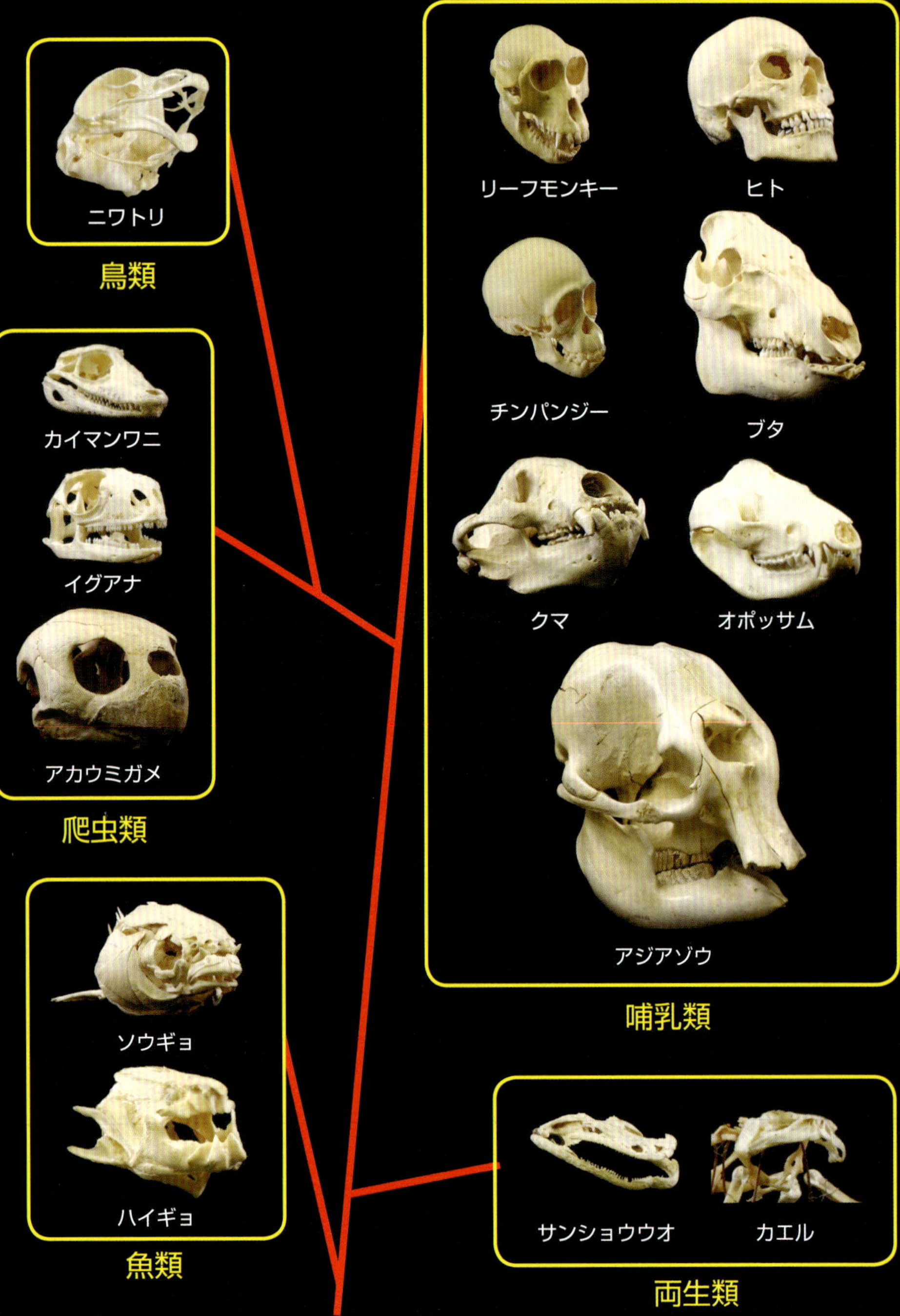

ニワトリ
鳥類

カイマンワニ
イグアナ
アカウミガメ
爬虫類

ソウギョ
ハイギョ
魚類

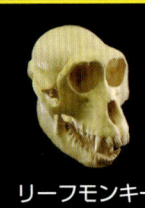
リーフモンキー

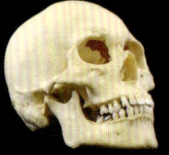
ヒト

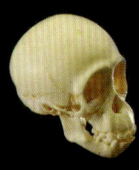
チンパンジー

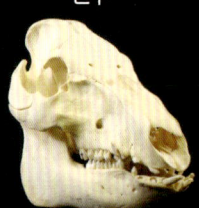
ブタ

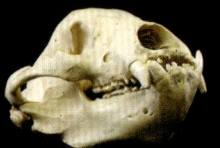
クマ

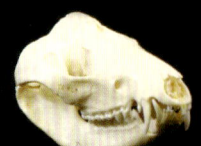
オポッサム

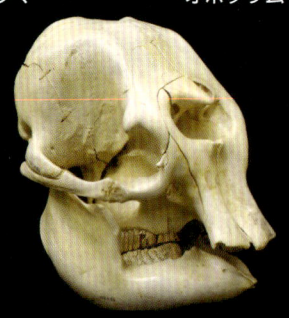
アジアゾウ

哺乳類

サンショウウオ

カエル

両生類

# 食性による違い

歯は、動物の食性を的確に示している。肉食、草食、雑食など、食物と歯の形態の相関性をはっきりと表わしている。

肉食

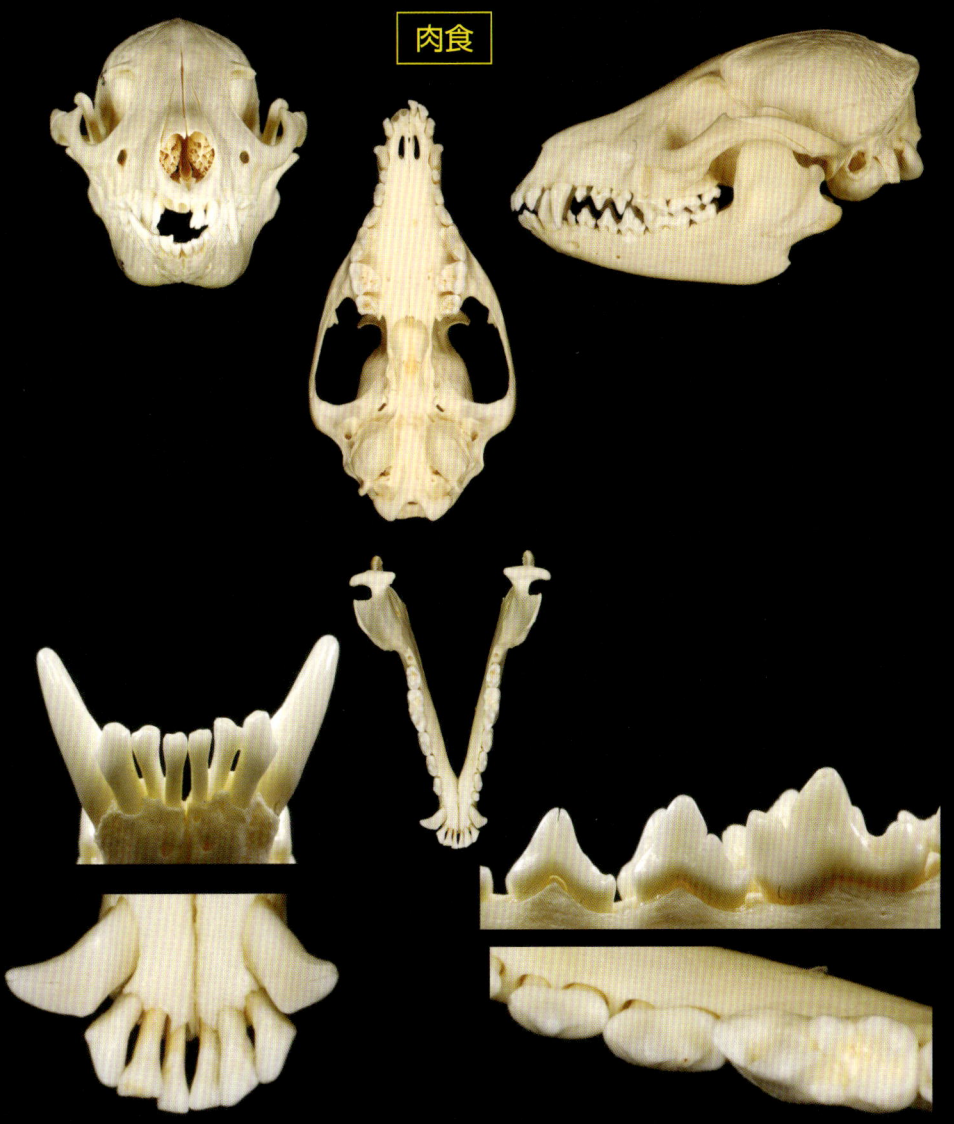

## キツネ

肉食獣（キツネ）では大きく発達した犬歯と、肉を食いちぎるのに適した形態を持つ臼歯（裂肉歯）が特徴的である。

草食

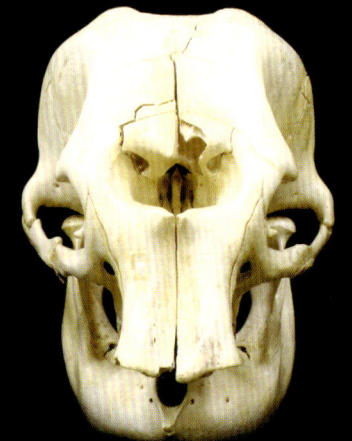

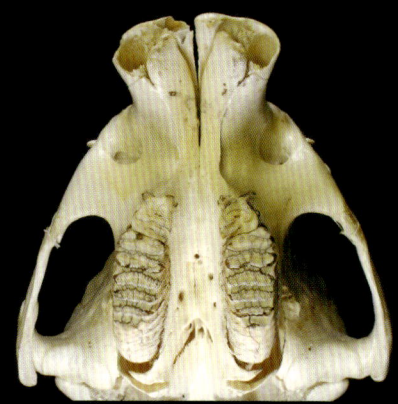

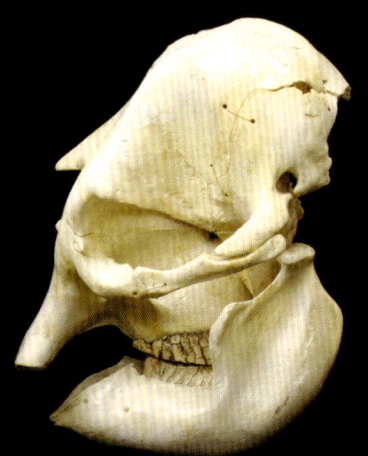

## アジアゾウ

　長鼻目のゾウは、上顎切歯由来の牙をもつが、この標本では残念ながら喪失している。臼歯は、頭蓋骨の大きさと比較してみるとかなり大きいことがわかる。咬合面にはエナメル質のヒダがあり、他の草食獣と比べると特徴的である。

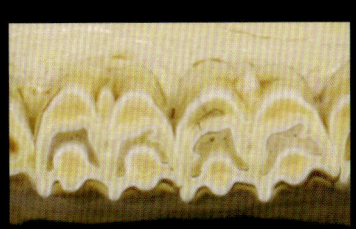

草食

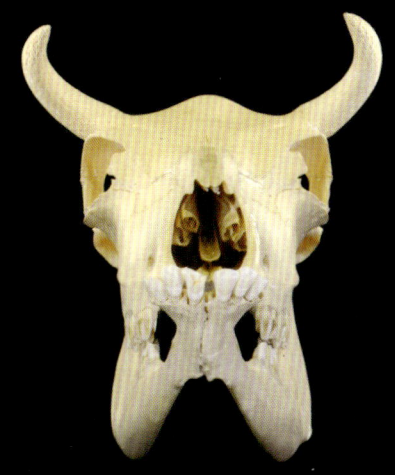

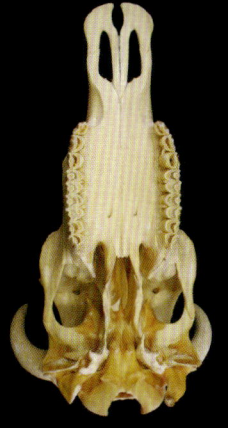

## ウシ

　偶蹄目のウシの草食獣の特徴は、上顎切歯がないこと、下顎犬歯が切歯に近い形に変形し、扇状に並んでいることである。また、臼歯も硬い植物をすりつぶすのに適した構造をしている。咬合面を見ると、エナメル質周囲に象牙質・セメント質が形成されるため、エナメル質が三日月状にあらわれてくる。

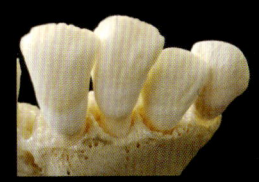

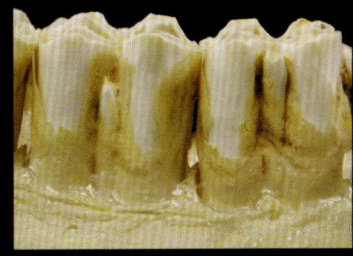

**葉食**

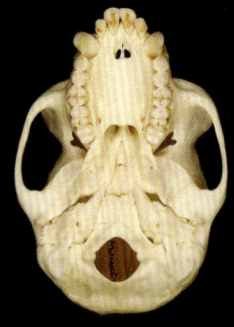
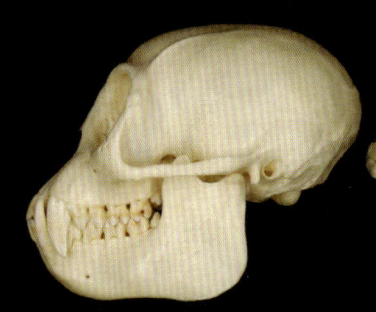
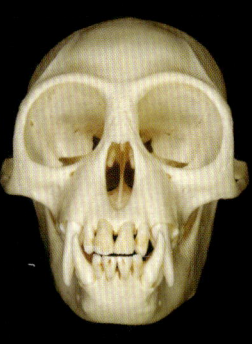
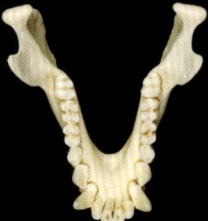

### ヤセザル（リーフモンキー）
　このサルは樹上性で主として木の葉を食べているが、その他に果物や花も食べる。歯の形態は葉を咀嚼するのに適していると思われるが、まだ十分には解明されていない。

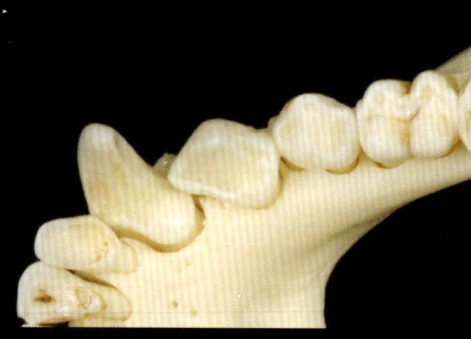

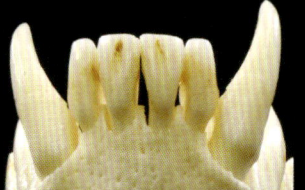

## 雑食

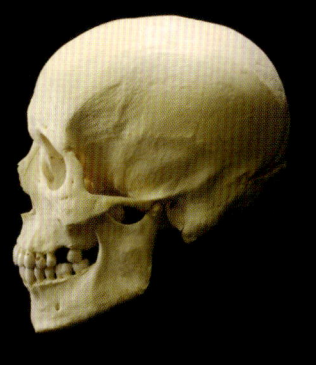
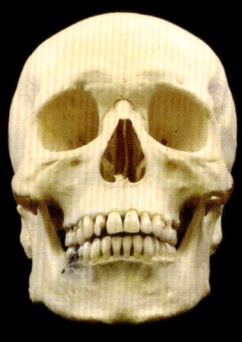
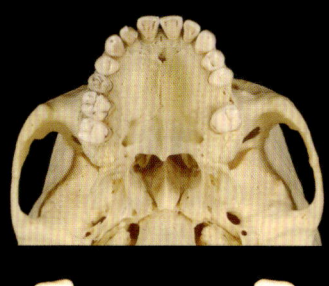
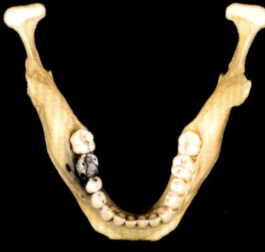

### ヒト

　ヒトの歯は他の動物に比べ、エナメル質が厚い。臼歯に比べ前歯が小さく、また犬歯も小さくなっている。臼歯はより平らになり、食物をすりつぶすのに適した形になっている。犬歯は威嚇や捕獲器として重要であったが、前歯の機能発達や、道具の発達により縮小していることがわかる。

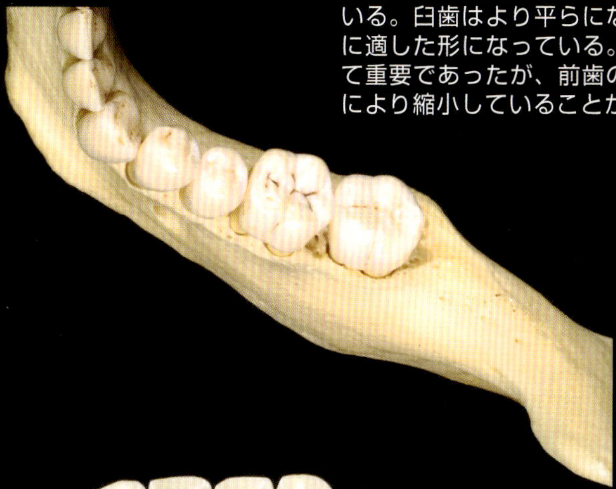

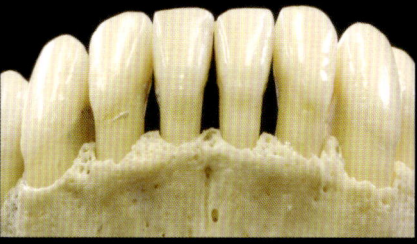
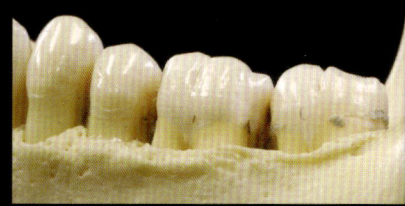

# あとがき

　動物の頭蓋を通してヒトの頭蓋を比べると、ヒトの特異性が際立って見えてくる。強大化した脳頭蓋、その反対に顔面頭蓋の咀嚼部の退化、その結果として口腔・鼻腔・頭蓋腔の３階建て構造になっている。一方で、形態の基本構造の普遍性が貫かれている。歯に注目しても同様の原則をみることができる。

　本書でとりあげた動物の歯式を最後に挙げておく。歯式は形態を捨象しているが、いくつかの動物は多様な生態的適応の過程で歯数を減らしていることが、歯式から見えてくる。ヒトは基本形に近い歯式をしており、この点でもヒトは原始性を保持することによって、進化的な柔軟性を持っていると見ることができるだろう。

川　崎　堅　三

## 歯式

○ヒト
$$\frac{2\cdot1\cdot2\cdot3}{2\cdot1\cdot2\cdot3}$$

○ヤセザル
$$\frac{2\cdot1\cdot2\cdot3}{2\cdot1\cdot2\cdot3}$$

○クマ
$$\frac{3\cdot1\cdot4\cdot2}{3\cdot1\cdot4\cdot3}$$

○イヌ
$$\frac{3\cdot1\cdot4\cdot2}{3\cdot1\cdot4\cdot3}$$

○キツネ
$$\frac{3\cdot1\cdot4\cdot2}{3\cdot1\cdot4\cdot3}$$

○タヌキ
$$\frac{3\cdot1\cdot4\cdot2or3}{3\cdot1\cdot4\cdot3}$$

○ネコ
$$\frac{3\cdot1\cdot3\cdot1}{3\cdot1\cdot2\cdot1}$$

○ブタ
$$\frac{3\cdot1\cdot4\cdot3}{3\cdot1\cdot4\cdot3}$$

○ウシ
$$\frac{0\cdot0\cdot3\cdot3}{3\cdot1\cdot3\cdot3}$$

○ゾウ
$$\frac{1\cdot0\cdot0\cdot3}{0\cdot0\cdot0\cdot3}$$

### 著作・制作スタッフ

石川　堯雄
井上　孝二
江村　　勝
川崎　堅三
木村　　博
熊谷　久人
小寺　春人
後藤　仁敏
澤村　　寛
塩崎　一成
下田　信治
田代寛一郎
田中　　秀
田中　　倫
千葉　敏江
橋本　　巌
松原　　剛
本松　清行
山添　潤一
（五十音順）

頭蓋（とうがい）　　　　　　　　　　　　　定価（本体 1,500 円＋税）
2010 年 3 月 21 日　初版発行　　　　　監　修　　川崎　堅三

発　行　者　　百瀬　卓雄
印刷・製本　　蓼科印刷株式会社

発　行　わかば出版株式会社　　発　売　SHIEN　デンタルブックセンター 株式会社シエン社

〒112-0004　東京都文京区後楽 1-1-10　TEL 03(3816)7818　FAX 03(3818)0837　URL http://www.shien.co.jp

©Wakaba Publishing, Inc. 2010, Printed in Japan〔検印廃止〕ISBN 978-4-89824-051-9 C3047
本書を無断で複写複製（コピー）することは、特定の場合を除き、著作権及び出版社の権利侵害となります。